Und dann an das Meer, meine alte Freundin, zu lange schon war ich nicht bei dir. Du wirbelnde Unendlichkeit mit deinem spitzenbesäten Kleide. Ach, wie schwoll mein Herz. Und diese Einsamkeit. Wenn ich der Kaiser der Erde wäre, würde ich als mein höchstes Recht mir ausbitten, einen Monat im Jahr allein zu sein am Strand.

MAX BECKMANN

VERLAG WEIDLICH/FLECHSIG

Die Sehnsucht nach dem Meer

Alfredo Elsner

Der Verlag dankt allen Inhabern der Rechte für die freundliche Genehmigung zum Abdruck. In den Fällen, wo es nicht möglich war, den Rechtsinhaber bzw. Rechtsnachfolger zu ermitteln, konnte leider keine Abdruckerlaubnis eingeholt werden. Die Honoraransprüche der Autoren bzw. der Erben bleiben gewahrt.

CIP-Titelaufnahme der Deutschen Bibliothek

Elsner, Alfredo:
Die Sehnsucht nach dem Meer /
Alfredo Elsner. – Würzburg :
Weidlich Flechsig, 1990
ISBN 3-8035-1329-4

Gesamtherstellung: Universitätsdruckerei H. Stürtz AG, Würzburg
Printed in Germany
ISBN 3-8035-1329-4

Vorwort

Zunächst möchte ich all denen danken, die mich bei der Entstehung dieses Buches auf vielfältige Art unterstützt haben.

Mit Hilfe eines sehr arbeitsintensiven Reproduktionsverfahren der künstlerischen Fotografie, dem Gummidruck, fand ich die Möglichkeit, in einer Technik zu arbeiten, die zu einer der wichtigsten der Fotografie um die Jahrhundertwende zählte. Dieses Edeldruckverfahren läßt aus alten Schwarzweiß-Aufnahmen neue farbige Bilder entstehen, die durch ihren malerischen Eindruck den Gemälden der Impressionisten ähneln. Auf diese Weise konnte ich die Ebene der bloßen Dokumentation verlassen und meine ganz persönlichen Empfindungen einbringen, ohne den Bildern ihren historischen Charakter zu nehmen.

Der kurze einleitende Abriß gibt einen Einblick in die Geschichte der deutschen Seebäder und eröffnet dadurch das Verständnis für die folgenden Bilder und Texte vor diesem Hintergrund.

Nach dem Bildteil folgt eine Erläuterung über Herstellung und Geschichte des Gummidruckes.

So ist ein Buch über das Badeleben an der deutschen Nord- und Ostseeküste vor etwa 100 Jahren entstanden und gleichzeitig die Dokumentation eines alten Verfahrens in der Kunstfotografie.

Alfredo Elsner

Bereits im Jahr 1751 berichteten deutsche Zeitungen über Badeaufenthalte englischer Adliger am Meer und machten dabei auf die Vorzüge der See aufmerksam, was jedoch hierzulande ohne jede Wirkung blieb. Selbst als im Sommer 1783 der Juister Prediger, Gerhard Otto Christoph Janus, in einer Eingabe an König Friedrich II. seine Erfahrungen über die Wirkung des Seebadens vortrug und die Einrichtung einer Badeanstalt auf der Insel Juist anregte, blieb dies ohne Beachtung. Als zehn Jahre später der Göttinger Physiker und Schriftsteller Georg Christoph Lichtenberg im »Göttinger Taschen Calender« für das Jahr 1793 ausführlich über seine Englandreise (1774–75) berichtete und Cuxhaven oder die vorgelagerte Insel Neuwerk als günstig für die Einrichtung eines Seebades bezeichnete, wurde erstmals der Gedanke an ein deutsches Seebad geweckt. Doch nicht an der Nordsee, sondern an der Ostsee entstand 1794 unter der Leitung von Hofrat Prof. Vogel in Doberan das erste deutsche Seebad. Auftraggeber war Herzog Friedrich Franz, der vermutlich damit dem kurortarmen Mecklenburg eine neue Finanzquelle erschließen wollte. Drei Jahre später wurde Norderney das erste Seebad in der Nordsee. An dieser und an den im 19. Jahrhundert folgenden Seebadgründungen waren Ärzte beteiligt, da der Aufenthalt am Meer und das Baden in der offenen See zunächst zu therapeutischen Zwecken empfohlen wurden.

Viele Badeorte waren ganz auf den medizinischen Badebetrieb eingerichtet. Sie unterhielten Badehäuser mit kalten und warmen Wannenbädern sowie Anlagen für Sturz- und Duschbäder. Alte Badeschriften geben uns heute noch Einblick in die Badekultur des Biedermeier sowie über den Glauben unserer

Ein breites Angebot an medizinischen Einrichtungen stand schon damals den Gästen zur Verfügung.

Urgroßeltern an die Heilkraft des Meeres: Rheumatismus, Störungen des Nerven- und Drüsensystems, Wahnsinn, Hysterie und Hypochondrie, selbst Epilepsie und Geisteskrankheit sollten im Seebad heilbar sein. So verordnete etwa Dr. August Ruge, 1818 Badearzt in Cuxhaven, zur Behandlung eines Geisteskranken, ihm 10–100 Eimer kaltes Seewasser über den Kopf zu gießen. Auch die innere Anwendung wurde als Abführmittel bei hartnäckigen Verstopfungen, bei Wurmbefall, Gallen- und Blasensteinen empfohlen. Erst genaue Untersuchungen in England und auf Norderney brachten Mitte des 19. Jahrhunderts die Erkenntnis, daß das Küstenklima den wichtigsten Heilfaktor darstellte und somit die Seebäder zum Reise- und Erholungsziel für das ganze Jahr wurden. Mit Beginn der Industrialisierung im 18. Jahrhundert und dem damit verbundenen Strukturwandel fuhren auch die Bürger der Städte zur Erholung in die Natur. Mit dieser Entwicklung begann der Aufstieg der Küstenregion. Während anfangs Seebäder wie Wyk auf Föhr oder die Insel Sylt und Amrum ihrer Eigentümlichkeit

Früher fuhren sie als Fischer aufs Meer hinaus. Mit dem immer stärker werdenden Strom von Badegästen fanden die Einheimischen als Badediener ein neues Betätigungsfeld.

wegen höchstens zu kurzen Ausflügen einluden, begann nach der Annexion dieser Herzogtümer durch Preußen im Jahre 1867 der Ausbau der Seebäder. Neben Hotels und Konversationshäusern für die wohlhabenden Badegesellschaften aus den Großstädten wurden auch Sanatorien für kranke, mittellose Menschen und Kinderheime gebaut. Die Kinderheime dienten zugleich als Forschungsstätte für Meeresheilkunde, die Ende des 19. Jahrhunderts nicht mehr von den subjektiven Erfahrungen der Badeärzte lebte, sondern als rationale Forschung betrieben wurde.

Wer nur ein paar Tage und eine Nacht im Postwagen gefahren ist, wird zu allen munteren Gesprächen nicht mehr fähig seyn, und alles, was um ihn her vorgehet, fängt ihm an gleichgültig zu werden. Das unbequeme, enge Sitzen, oft bei schwüler Luft, das langsame Fortrutschen mit phlegmat. und schlafenden Postknechten, der oft pestilenzialische Gestank unsauberer Reisegesellschafter, das Tobakdampfen und die zotigen, schmutzigen Reden der ehrsamen, bunten Reisecompagnie, lassen uns bald das Vergnügen satt werden und verursachen schreckliche Langeweile und gänzliches Übelbefinden in allen Gliedern.

Ein weiterer Grund für den raschen Aufstieg der Seebäder war der Ausbau der Verkehrswege, insbesondere der Eisenbahn. Nachdem die Anbindung der Küste an das Eisenbahnnetz abgeschlossen war, konnte man ab 1876 die Insel Usedom in der Ostsee sogar mit der Bahn über eine Brücke erreichen. Dadurch ersparte man sich die beschwerliche und lange Reise mit der Pferdekutsche auf unwegsamen Straßen.

Hatte man die Küste erreicht, mußte man damit rechnen, wegen ungünstiger Wind- und Wetterverhältnisse tagelang auf die Überfahrt zu warten, denn die Segler, die den Fährbetrieb unterhielten, hatten sich nach Gezeiten und Wetter zu richten. Erst als Dampfschiffe den Fährbetrieb übernahmen, waren zuverlässige Fahrpläne möglich. Wählte man aber z.B. den Weg von Hamburg oder Bremerhaven über Helgoland zu den Ferieninseln, reiste der Fahrgast auf verhältnismäßig luxuriösen Schiffen mit Konversations-, Rauch- und Damensalons wie Promenadendecks.

Um den gehobenen Ansprüchen der Gäste nachzukommen entstanden schöne Villen mit einer verspielten Architektur.

Waren die Badegäste am Reiseziel angelangt, erwarteten sie meist Unterkünfte mit spärlichem Komfort. Die meisten Gäste wurden in privaten Wohnungen, die überwiegend von Seefahrerwitwen vermietet wurden, untergebracht, da es zu Beginn des 19. Jahrhunderts weder Hotels noch Pensionen gab bzw. das Bettenkontingent der staatlichen Kur- und Logierhäuser nicht ausreichte. Mit zunehmendem Andrang, vornehmlich des Mittelstandes, wandelte sich das Bild: Um den höheren Ansprüchen dieser auf Prestige und Status bedachten Bevölkerungsgruppe gerecht zu werden, wurden die Häuser unter anderem mit elektrischem Licht und fließendem Wasser ausgestattet. Diese um die Jahrhundertwende eingerichteten meist zweigeschossigen Villen hatten Veranden, die ringsum mit Schiebefenstern eingefaßt waren. Sie dienten den Gästen als Aufenthaltsraum, von dem aus man das Geschehen auf der Promenade auch bei schlechtem Wetter beobachten konnte.

Betrachtet man sich heute Aufnahmen alter Badeszenen, stellt man fest, daß der Badealltag früher keine unkomplizierte und natürliche Angelegenheit gewesen sein konnte, sondern von vielen Vorschriften und Regeln geprägt war. Um ein Bad im Meer nehmen zu können, wurde man mit einem Badeboot hinausgefahren und dann in einem hölzernen Korb ins Wasser gelassen. Später benutzte man Badekarren, bei denen das unangenehme Schaukeln der Badeboote wegfiel und in denen genügend Raum vorhanden war, um sich darin umzukleiden und betreuen zu lassen. Diese Aufgabe wurde von einheimischen Badedienern oder -frauen übernommen, die auch die Badekarren ins und aus dem Wasser beförderten und sich um das Trocknen der anfänglich aus dreiteiligen Flanellkostümen bestehenden

Die Badediener warten vor ihren Badekarren auf die nächsten Badegäste.

Badekleidung kümmerten. Mit der Einrichtung der Familienbäder um die Jahrhundertwende wurden die Badeanzüge körperbetonter und aus dünnen Baumwollstoffen hergestellt; der Einteiler für Frauen setzte sich in den 20er Jahren durch. Zu diesem Zeitpunkt hatte auch der Badekarren ausgedient. Ebenso mußte man bis zum 20. Jahrhundert warten, um Nacktbaden zu können, obwohl dieses schon zu Beginn der Badekultur Ärzte aus medizinischen Gründen empfohlen hatten.

Wem es nach dem Baden in seinem Strandkorb zu langweilig wurde, der ging am Strand spazieren, spielte mit anderen Gästen Ball oder Tennis, betei-

Ein beliebtes Motiv für jeden Strandfotografen. Mehrere junge Badenixen liegen ihm am Strand Modell.

ligte sich an einer Wattenpolonaise (Wattenlauf mit Musik) oder nahm Eimer und Schaufel, um mit den Kindern Sandburgen zu bauen, die nach Fertigstellung mit den jeweiligen Landes- und Reichsfahnen geschmückt wurden.

Neben Baden und Strandleben stand von Beginn an auch die Unterhaltung und die Geselligkeit auf der Tagesordnung. So entstanden schon sehr früh Strandpromenaden, um zu sehen und gesehen zu werden sowie Kurhäuser und -parks, wo meist täglich Konzerte besucht werden konnten. Um den Urlaubern auch die Natur nahe zu bringen, gehörten Inselrundfahrten mit Pferd und Wagen, Schiffstouren zu anderen Inseln und Wanderungen auf der Insel und im Watt zur Angebotspalette der Seebäder. Auch die Seehund- und Seevögeljagd erfreute sich um die Jahrhundertwende großer Beliebtheit. Eine kleine Flotte sogenannter »Lustkutter« stand bereit, die Jagdlustigen zu den Sandbänken zu befördern. Wenn man den Tag mit einem umfangreichen Programm hinter sich gebracht hatte, traf man sich abends im Konversationshaus, um gemeinsam in einem großen Speisesaal zu essen. Nach dem Essen suchte man einen der anderen Räume auf, um entweder die Konversation mit Freunden und neuen Bekannten zu pflegen, um Karten oder Billard zu spielen oder um im Lesesaal ein Buch oder die Zeitung zu lesen. Oft wurde auch im Ballsaal zum Tanz geladen. Darüber hinaus besaßen viele Seebäder ein Spielcasino für ihre Gäste.

Am Ende eines Urlaubs stand dann wieder die beschwerliche Rückreise bevor. Diese ertrug man dann gelassen; vollgetankt mit frischer Energie und einer Fülle von Erlebnissen, die den Daheimgebliebenen erzählt wurden. Daran hat sich bis heute nichts geändert.

Am Hafenplatz sind die Droschken und pferdebespannten Omnibusse aufgefahren. Das Klick-Klack der Pferdehufe ist die freundliche Begleitmusik des Norderneyer Pflasters, und der Ankommende fühlt sich sogleich in das Behagen einer unhastigen Welt aufgenommen, wenn der Einspänner oder Zweispänner dem Hause zurollt, das er dem Fuhrmann genannt hat.

Dr. Richard Erlach

Sobald wir unser Gepäck in dem Gasthaus des Herrn Rose, wo unser drei sich einquartierten, niedergelegt und uns etwas restauriert hatten, ging unser Weg zunächst an den Nordstrand der Insel; hier erst stehen wir an dem offenen Meere, an der eigentlichen Nordsee. Der Eindruck, den der erste Anblick des Meeres macht, ist schwer zu beschreiben, nur daß er ein ergreifender und überwältigender zugleich ist und es immer mehr wird, je mehr und je länger man das Meer betrachtet und beobachtet, ja studiert. »Ich habe stark aussehende Menschen gekannt,« schreibt Jemand, »auf welche der erstmalige Anblick des Meeres einen solch erschütternden Eindruck machte, daß sie fast ohnmächtig wurden.«

M.G.W. Brandt

Geht man am Strande spazieren, so gewähren die vorbeifahrenden Schiffe einen schönen Anblick. Haben sie die blendend weißen Segel aufgespannt, so sehen sie aus wie vorbeiziehende große Schwäne... Gar besonders wunderbar wird mir zu Mute, wenn ich allein in der Dämmerung am Strande wandle, – hinter mir flache Dünen, vor mir das wogende, unermeßliche Meer, über mir der Himmel wie eine riesige Kristallkuppel – ich erscheine mir dann selbst sehr ameisenklein, und dennoch dehnt sich meine Seele so weltenweit.

Heinrich Heine

Meine liebe Frau

Wie mir's geht, weiß ich eigentlich selber nicht; ich kann sagen gut, aber ich kann auch sagen schlecht. Mit der Wohnung und den Wirtsleuten hab' ich es gut getroffen; die Luft ist herrlich, der Ausblick des Meeres dito, und nachmittags drei, vier Stunden lang am Strande spazieren zu gehn oder spazieren zu sitzen, ist ein Genuß. Dazu kommt, daß mir die eingeborne Bevölkerung sympathisch ist: kräftige, tüchtige, urgermanische Menschen, ehrlich und zuverlässig. Daß sie sich ihre Luft usw. gut bezahlen lassen, kann ich ihnen nicht verdenken; alles, wonach Anfrage ist, das steigt im Preise, aber sie fordern nur viel, sie betrügen nicht. Selbst die Vielforderung hält sich immer noch innerhalb einer gewissen Manierlichkeit; es sind anständige Leute, kein Gesindel.

Theodor Fontane

Badeordnung

Damen sowohl wie Herren, haben am Strande ihre Badekarte der Billet-Abnehmerin oder dem Billet-Abnehmer abzugeben, erhalten dagegen von diesen eine mit der Nummer auf der Tafel correspondirende Contremarke. Wird beim Freiwerden einer Badekutsche die auf der Contremarke stehende Nummer aufgerufen, welches nach der Ordnung der Zahlen geschieht, so ist die Contremarke an den Karrenführer oder die Karrenführerin abzugeben und muß sodann die Badekutsche betreten und das Bad genommen werden.

Carl Berenberg

Es gab zwei kleine Badeanstalten, ein Damen- und ein Herrenbad, und die Trennung nach Geschlechtern wurde aufs strengste durchgeführt. Der Gedanke, einfach vom Strand aus zu baden, war so sittenlos, daß er noch in keinem Schädel seine Sumpfblasen aufgetrieben hatte. Wohl kamen vereinzelt Entartete vor, die sich während der Badezeit in den Dünen herumtrieben und sogar mit Ferngläsern die Damenbadeanstalt beobachteten, aber das waren nur Ausnahmen, die bald von wachthaltenden Fischern ermittelt wurden und der allgemeinen Verachtung anheimfielen. Groß aber kann ihre Ausbeute an Genüssen selbst mit Ferngläsern nicht gewesen sein, denn die Damen trugen ja damals noch diese seltsamen, meist roten Badeanzüge, bei denen die Hosen bis weit über das Knie hinabreichten. Ein Rock fiel darüber, und das Ganze saß, von einem Gürtel gehalten, teils in glänzender Falte, teils wie angeklatscht am Leibe und sah eher komisch aus als verführerisch.

Hans Fallada

Absonderlich wenn ich am Strande über die schaurige Stelle wandle, wo noch jüngst die schönsten Frauen gleich Nixen geschwommen. Denn weder Herren noch Damen baden hier unter einem Schirm, sondern spazieren in die freie See. Deshalb sind auch die Badestellen beider Geschlechter voneinander geschieden, doch nicht allzuweit, und wer ein gutes Glas führt, kann überall in der Welt viel sehen!

Heinrich Heine

Verbotener Weg für Herren.

Enttäuschter Badegast

Wenn ich im Badeanzug bin
Und im Familienbade,
Geht die Erotik fort. Wohin
Weiß Gott. Wie schade!

Und Weiber jederlei Gestalt
Sie lassen alle dann mich kalt,
Wie die verdammte Jauche
Der See, in die ich tauche,
Kalt macht, speziell am Bauche.

Von der Kabine bis ans Meer
Geniere ich mich immer sehr.
Trotz Spucke und trotz Laufgeschwind
Merkt jede Frau und jedes Kind,
Daß meine Füße dreckig sind.
Und niemand fragt woher.

Joachim Ringelnatz

Wenn ich eben noch bis an die Knie im Wasser stehe, so kommt eine haushohe Welle, dreht mich zehnmal rundum und wirft mich zwanzig Schritt davon entfernt in den Sand, ein einfaches Vergnügen, dem ich mich aber täglich con amore so lange hingebe, als es die ärztlichen Vorschriften irgend gestatten.

Otto von Bismarck

Das kalte Seebad, namentlich der Nordsee, ist ein zweischneidiges Schwert, welches sich gegen die kehrt, die es gebrauchen, falls sie nicht mit größter Vorsicht dabei verfahren. Nur wenige Naturen können die Seebäder so vertragen, daß sie nicht nach dem dritten oder vierten pausieren müßten. Nach dem Seebade ist aber für jedermann die Bewegung am Strande und dann entsprechende Ruhe durchaus notwendig.

M.G.W. Brandt

Steigst du hinab zum Strande, so entrollt sich dir das Bild des echt modernen Badelebens. Etwa sechshundert Strandkörbe bilden förmliche Straßen, Alleen und Plätze. Hier ruhen, lesen, arbeiten Erholungsbedürftige, dort entwickeln sich Badekorbromane mit mehr oder weniger naturalistischem Hintergrund. Fern ab vom allgemeinen Gewühl tagt eine geheimnisvolle Gesellschaft in vier eng zusammengestellten Körben. Bläulicher Rauch steigt daraus gen Himmel, während beängstigende Worte wie Herzensjunge, Stechen, Schneider, Wimmeln dumpf hervordringen.

Hans Bohrdt

Kindersand

Das Schönste für Kinder ist Sand.
Ihn gibt's immer reichlich
Er rinnt unvergleichlich
Zärtlich durch die Hand.

Weil man seine Nase behält,
Wenn man auf ihn fällt,
Ist er so weich.
Kinderfinger fühlen,
Wenn sie in ihm wühlen,
Nichts und das Himmelreich.

Denn kein Kind lacht
Über gemahlene Macht.

Joachim Ringelnatz

Möwenlied

Die Möwen sehen alle aus,
als ob sie Emma hießen.
Sie tragen einen weißen Flaus
und sind mit Schrot zu schießen.

Ich schieße keine Möwen tot,
ich laß sie lieber leben –
und füttre sie mit Roggenbrot
und rötlichen Zibeben.

O Mensch, du wirst nie nebenbei
der Möwe Flug erreichen.
Wofern du Emma heißest, sei
zufrieden, ihr zu gleichen.

Christian Morgenstern

Einer Hotelbeschliesserin ins Stammbuch

Am Strande aber geht man froh
erst so hin und dann wieder so;
man sieht ein Schiff, tritt in die Qualle,
hat Hunger, steigt in diesem Falle
zur Giftbutike kühn hinauf,
erwirbt ein Butterbrot durch Kauf
und schlürft, wenn man es nötig hat,
den vielberühmten »Dorenkat«;
ein Elixier, was notgedrungen,
durch ein Malheur dazu gezwungen
vor hundert Jahren hierzuland
der Pieter Dorenkat erfand.

Wilhelm Busch

Nicola Hoegel.
Königl. Hof=Conditur.
EIS

Den Vereinigungspunkt für die ganze Gesellschaft giebt das im südwestlichen Theile der Insel im geschmackvollen Style erbaute Conversationshaus ab... Leider ist auch hier ein dem Hazardspiel geweihter Saal. Es ist dies um so trauriger, als sich sonst die Seebäder vor den übrigen Bädern eine verhältnismäßige Einfachheit in Einrichtungen und Lebensweise zu erhalten gewusst haben, während die Quellenbäder meist die Sammelplätze des raffinirtesten Luxus, und in vieler Hinsicht aus Gesundheits- zu Pestbrunnen der Ausschweifung geworden sind.

Theodor von Kobbe

Meeresbrandung

Warrrrrrrte nur . . .
wie viel schon riß ich ab von dir
seit den Äonen unsres Kampfs –
warrrrrrrte nur . . .
wie viele stolze Festen wird
mein Arm noch in die Tiefe ziehn –
warrrrrrrte nur . . .
zurück und vor, zurück und vor –
und immer vor mehr denn zurück –
warrrrrrrte nur . . .
und heute mild und morgen wild –
doch nimmer schwach und immer wach –
warrrrrrrte nur . . .
umsonst dein Dämmen, Rammen, Baun,
dein Wehr zerfällt, ich habe Zeit –
warrrrrrrte nur . . .
wenn erst der Mensch dich nicht mehr schützt –
wer schützt, verloren Land, dich dann?
warrrrrrrte nur . . .
mein Reich ist nicht von seiner Zeit:
er stirbt, ich aber werde sein –
warrrrrrrte nur . . .
und will nicht ruhn, bis daß du ganz
in meinem Grund gerissen bist –
warrrrrrrte nur . . .
bis deiner höchsten Firnen Schnee
von meinem Salz zerfressen schmilzt –
warrrrrrrte nur . . .
und endlich nichts mehr ist als Ich
und Ich und Ich und Ich und Ich –
warrrrrrrte nur . . .

Christian Morgenstern

Breite Wellen ... wie sie daherkommen und zerschellen, daherkommen und zerschellen, eine nach der anderen, endlos, zwecklos, öde und irr. Und doch wirkt es beruhigend und tröstlich, wie das Einfache und Notwendige. Mehr und mehr habe ich die See lieben gelernt ... Was für Menschen es wohl sind, die der Monotonie des Meeres den Vorzug geben? Mir scheint, es sind Solche, die zu lange und tief in die Verwicklungen der innerlichen Dinge hineingesehen haben, um nicht wenigstens von den äußeren vor Allem Eins verlangen zu müssen: Einfachheit ... Es ist das Wenigste, daß man tapfer umhersteigt im Gebirge, während man am Meere still im Sande ruht. Aber ich kenne den Blick, mit dem man dem einen, und jenen, mit dem man dem anderen huldigt. Sichere, trotzige, glückliche Augen, die voll sind von Unternehmungslust, Festigkeit und Lebensmut, schweifen von Gipfel zu Gipfel; aber auf der Weite des Meeres, das mit diesem mystischen und lähmenden Fatalismus seine Wogen heranwälzt, träumt ein verschleierter, hoffnungsloser und wissender Blick, der irgendwo einstmals tief in traurige Wirrnisse sah ... Gesundheit und Krankheit, das ist der Unterschied.

Thomas Mann

In den Dünen

Weite, möwenüberkreiste
Dünentäler, menschenlose;
links das Haff, das sturmverwaiste,
rechts die See und ihr Getose.

Alte Dörfer in den Watten,
in der Flut und unterm Sande---
Sonnenleuchten, Wolkenschatten
über einem Märchenland.

 Christian Morgenstern

Meergruss

Und über mich hin ziehen die Wolken,
Die formlos grauen Töchter der Luft,
Die aus dem Meer in Nebeleimern
Das Wasser schöpfen
Und es mühsam schleppen und schleppen,
Und es wieder verschütten ins Meer,
Ein trübes, langweiliges Geschäft,
Und nutzlos, wie mein eignes Leben.

Heinrich Heine

Nebel am Wattenmeer

Nebel, stiller Nebel über Meer und Land.
Totenstill die Watten, totenstill der Strand.
Trauer, leise Trauer deckt die Erde zu
Seele, liebe Seele, schweig und träum auch du.

Christian Morgenstern

Schaum des Meeres

Im Sande zittert weißer Schaum,
verlassen,
bebt wie Laub am Baum
und strahlt wie Diamanten.
Noch hell im Glanz des Sonnenlichts
wird er vom Wind getrieben;
verweht,
vergeht,
und bald ist nichts,
ist nichts von ihm geblieben.

Oswald Andrae

Der Gummidruck

Das Gummiarabicum gibt dieser fotografischen Reproduktionstechnik den Namen. Der Gummidruck ist ein Chromatverfahren und beruht auf der Lichtempfindlichkeit von Dichromatsalzen wie Kalium- oder Ammoniumdichromat und ihrer Wasserunlöslichkeit in Verbindung mit organischen Substanzen wie Gummi oder Leim.

Eine Mischung aus Gummiarabicum, einem Dichromatsalz und einem Farbstoff in Lösung wird auf ein präpariertes (gelatiniertes) Papier aufgetragen. Mit der Auswahl des Papiers beginnt die Gestaltung des Bildes, und es ist sinnvoll, sich vorab damit auseinanderzusetzen, welche Oberflächenstruktur zum Motiv paßt. Als Farben eignen sich sowohl Aquarell- und Temperafarben in Tuben als auch Staubfarben.

Das im Dunkeln getrocknete Papier wird durch ein fotografisches Negativ belichtet und kommt dann mit der Schichtseite nach unten in ein Wasserbad.

Früher arbeiteten die Kunstfotografen mit einem oder mehreren Negativen, die bereits der Größe der gewünschten Bildformate entsprachen. Ich arbeite ausschließlich mit einem Negativ im Kleinbildformat 24 x 36 mm. Mit Hilfe eines 250W-Diaprojektors belichte ich das präparierte Papier mit dem Negativ und habe so die Möglichkeit, mein Format erst im letzten Moment festlegen zu müssen. Weiter hat dieses künstliche UV-Licht den Vorteil, daß es immer in der gleichen Intensität strahlt.

Die Belichtungszeit hängt von der Dicke der aufgetragenen Schicht, der Farbe, der Dichte des Negativs und dem Abstand des Projektors zur Bildfläche ab. Je nach Menge des zu ihr durch das Negativ durchgelassenen Lichts wird die aufgetragene Schicht mehr oder weniger wasserlöslich.

Die Entwicklung des Druckes kann bei Tageslicht erfolgen. An den unbelichteten Stellen lösen sich die Farbteilchen im Wasser auf und die Partikel sinken auf den Boden, in den Halbtönen nur zum Teil. Die belichteten Stellen erhärten sich und erscheinen farbig. So entsteht ein dem Negativ entsprechendes Positiv in der ausgewählten Farbe.

Um einen mehrfarbigen Gummidruck herzustellen, benötigt man eigentlich nur ein Schwarzweiß-Negativ und man wiederholt diesen Vorgang mit mehreren Farben und unterschiedlichen Belichtungszeiten. Erst wenn man dem Bild natürliche Farben verleihen will, ist es notwendig, sich von der farbigen Vorlage mit Hilfe von Farbfiltern, für jede Farbe ein Negativ herzustellen. Steht jedoch nur eine Schwarzweiß-Vorlage zur Verfügung, kann man auch mit einem Negativ annähernd natürliche Farben erzielen, indem man bei der Entwicklung des Gummidrucks mit einem Pinsel oder Wassersprüher Bildteile so bearbeitet, daß die vorher aufgetragene Farbe nur an den gewünschten Stellen haften bleibt.

Alle Gummidrucke für diesen Band wurden jeweils von *einem* Schwarzweiß-Negativ hergestellt.

Die Anfänge der eigentlichen künstlerischen Fotografie fallen zeitlich in die Epoche des Jugendstils, obwohl die Edeldruckverfahren bereits früher entwickelt wurden.

Bis zum Jahr 1895 wurde der Gummidruck nur von wenigen Fotografen zur Reproduktion von Strichzeichnungen verwendet. Erst als der Franzose Robert Demachy 1894 und 1895 im Londoner Salon Gummidrucke ausstellte, erregte er bei anderen Fotografen Aufmerksamkeit für diese Technik.

Dr. Hugo Henneberg, Mitglied des Wiener Camera Clubs, gelang es, zur Weihnachtsausstellung 1895 in Wien, fünf Bilder Demachys zu erhalten. Im Club nahm man das Verfahren mit Eifer auf und in gemeinsamer Arbeit entwickelten die Österreicher Dr. Henneberg, Prof. Hans Watzek und Heinrich Kühn die Technik weiter. 1896 stellte Henneberg bereits den ersten Zweifarben-Gummidruck in London aus, und ein weiteres Jahr später überraschte Watzek den Camera Club mit einem Dreifarben-Gummidruck, die erste durch ein Kopierverfahren hergestellte Fotografie in natürlichen Farben (von drei Negativen). Durch Ausstellungen fand der Gummidruck immer mehr Freunde und war bald eine der wichtigsten Techniken in der Fotografie um die Jahrhundertwende.

Die Kunstfotografen bedienten sich vornehmlich des Gummidrucks als Reproduktionsverfahren, um zu einer rein persönlichen Wiedergabe der Natur, eines Porträts oder eines Aktes zu gelangen. Mit Hilfe dieser Technik war es möglich, den typisch-charakteristischen Eindruck des Motivs herauszuarbeiten. Durch die relative Unschärfe und die Möglichkeit, durch manuelle Eingriffe wichtige Details zu betonen, tiefen Schattenteilen noch Zeichnung zu verleihen oder auch unwichtige, störende Elemente ganz oder teilweise wegzunehmen, entstanden Bilder, die durch ihren malerischen Eindruck den Gemälden der Impressionisten ähnelten. Neben der gewollten, relativen Unschärfe und der wichtigsten Eigenschaft des Gummidrucks, der Möglichkeit des manuellen Eingriffs, den nicht alle Kunstfotografen akzeptierten, zeichnen sich die Edeldruckverfahren durch eine organisierte Raumordnung aus. Das Verfahren bietet die Möglichkeit, einen unübersichtlichen und verwirrenden Raum zu einer einheitlichen Fläche zusammenzuziehen und damit die Aufnahme in Vorder-, Mittel- und Hintergrund klar aufzuteilen und dem Bild eine größere Tiefenwirkung zu verleihen.

Die Annäherung der künstlerischen Fotografie an die Malerei machte sich auch stark in der Themenwahl bemerkbar: selbstkomponierte Stilleben, Porträts und Aktaufnahmen, Landschaften und Straßenszenen in lichtem Dunst oder Nebel und viele andere Außenaufnahmen, wo eine impressionistisch wirkende Lichtstreuung auftrat.

Literaturverzeichnis

Seite

1 Max Beckmann, Briefe im Krieg, S. 23–25, Hamburg-Berlin 1955

8 Heinrich Krohn, Welche Lust gewährt das Reisen! S. 47, München 1985

16 Dr. Richard Gerlach aus: MERIAN »Ostfriesische Inseln«, S. 21, Hamburg 1957

18 M. G. W. Brandt, Insel und Seebad Juist, S. 12, unveränderter Nachdruck der Ausgabe von 1883, Leer 1976

20 Heinrich Heine, Die Nordsee, 1826, Dritte Abteilung, S. 105–107, Leipzig 1912

22 Theodor Fontane, Gesammelte Werke, Zweite Reihe in fünf Bänden, Fünfter Band, S. 22, Berlin 1920

24 Carl Berenberg, Das künstliche Nordseebad Norderney, S. 32, Norden und Norderney 1882

26 Hans Fallada, Damals bei uns daheim, aus: Das goldene Buch der See, S. 42, München 1965. Urheberberechtigte Hans Fallada, Emma D. Hey, 3300 Braunschweig

28 Heinrich Heine, Die Nordsee, 1826, Dritte Abteilung, S. 110, Leipzig 1912

30 Joachim Ringelnatz, Das Gesamtwerk, Band 1, S. 432, Berlin 1985, © Henssel

32 Otto von Bismarck aus: MERIAN »Ostfriesische Inseln«, S. 78, Hamburg 1957

34 M. G. W. Brandt, Insel und Seebad Juist, S. 21, unveränderter Nachdruck der Ausgabe von 1883, Leer 1976

36 Hans Bohrdt, Deutsche Nordseebäder, aus: Velhagen und Klasings Neue Monatshefte, 5. Jahrgang, Band 1, Heft 1, Bielefeld 1890/91

38 Joachim Ringelnatz, Das Gesamtwerk, Band 2, S. 17, Berlin 1985, © Henssel

40 Christian Morgenstern, Alle Galgenlieder, S. 88, Wiesbaden 1958

42 Wilhelm Busch, Sämtliche Werke, S. 1017, Gütersloh 1959/60

44 Theodor von Kobbe, Wanderungen an der Nordsee, S. 52–53, unveränderter Nachdruck der Ausgabe von 1841, Frankfurt/M. 1982

46 Christian Morgenstern, Auf vielen Wegen, S. 58–59, München 1920

48 Thomas Mann, Die Buddenbrooks, Zweiter Band, S. 410–411, Berlin 1906, (c) 1960, 1974 S. Fischer Verlag GmbH, Frankfurt am Main

50 Christian Morgenstern, Zeit und Ewigkeit, S. 15, Wiesbaden 1949

52 Heinrich Heine, Die Nordsee, Zweiter Zyklus, S. 50, Mainz 1952

54 Christian Morgenstern, Gesammelte Werke, S. 534, München 1965

57 Oswald Andrae, Ostfriesland. Ein Lesebuch, S. 49, Hannover 1984

Umschlag Frank Thiess aus: MERIAN »Ostfriesische Inseln«, S. 80, Hamburg 1957